Gonglu Zhiwu Gelishan Jishu Guifan
公路植物隔离栅技术规范

云南云岭高速公路养护绿化工程有限公司
交通运输部公路科学研究院　主　编

人民交通出版社股份有限公司

图书在版编目(CIP)数据

公路植物隔离栅技术规范 / 云南云岭高速公路养护绿化工程有限公司,交通运输部公路科学研究院主编. —北京 :人民交通出版社股份有限公司,2014.7

ISBN 978-7-114-11577-6

Ⅰ.①公… Ⅱ.①云… ②交… Ⅲ.①园林植物—道路绿化—绿化规划—技术规范 Ⅳ.①TU985.18-65

中国版本图书馆 CIP 数据核字(2014)第 168329 号

云南省地方标准

书　　名:公路植物隔离栅技术规范

著 作 者:云南云岭高速公路养护绿化工程有限公司

交通运输部公路科学研究院

责任编辑:刘永芬

出版发行:人民交通出版社股份有限公司

地　　址:(100011)北京市朝阳区安定门外外馆斜街 3 号

网　　址:http://www.ccpress.com.cn

销售电话:(010)59757973

总 经 销:人民交通出版社股份有限公司发行部

经　　销:各地新华书店

印　　刷:北京市密东印刷有限公司

开　　本:880×1230　1/16

印　　张:0.75

字　　数:15 千

版　　次:2014 年 8 月　第 1 版

印　　次:2014 年 8 月　第 1 次印刷

书　　号:ISBN 978-7-114-11577-6

定　　价:10.00 元

目　次

前　言

本标准按照 GB/T 1.1—2009《标准化工作导则　第1部分：标准的结构和编写》给出的规则起草。

本标准由云南省交通运输厅提出。

本标准由云南省交通运输标准化技术委员会（YNTC13）归口。

本标准主要起草单位：云南云岭高速公路养护绿化工程有限公司、交通运输部公路科学研究院。

本标准主要起草人：李国锋、孟强、蒋鹤、李一为、罗素芳、尹勤思、王丹。

公路植物隔离栅技术规范

1 范围

本标准规定了公路植物隔离栅植物选择要求、设计要求、栽植及验收要求、养护要求等。

本标准适用于新建、扩建与改建的高速公路和控制出入的其他公路。

2 规范性引用文件

下列文件对于本文件的应用是必不可少的。凡是注日期的引用文件,仅注日期的版本适用于本文件。凡是不注日期的引用文件,其最新版本(包括所有的修改单)适用于本文件。

GB6000 主要造林树种苗木质量分级

CJ/T 23 城市园林苗圃育苗技术规程

CJJ/T 82 城市绿化工程施工及验收规范

3 术语和定义

下列术语和定义适用于本文件。

3.1

公路刺篱植物

具有枝刺、叶刺、皮刺、刺齿或刺突等刺状器官,通过合理的栽植和配置后,能起到阻止人、畜进入公路或其他禁入区域、防止非法侵占公路用地设施等功能的植物。

3.2

枝条紧密度

刺篱植物枝条的充实、紧密程度,一般用紧密、或较紧密、一般三种程度来表示。

a) 紧密是指植株上两相邻分枝的平均间距小于或等于5cm;

b) 较紧密是指植株上两相邻分枝的平均间距大于5cm且小于或等于10cm;

c) 一般是指植株上两相邻分枝的平均间距大于10cm且小于或等于15cm。

3.3

刺密度

刺篱植物植株上刺的密集程度,一般用密集、较密集、一般三种程度来表示。

a) 密集是指1cm长度枝条上刺的平均数量大于或等于1个;

b) 较密集是指1cm长度枝条上刺的平均数量大于或等于0.5个且小于1个;

c) 一般是指1cm长度枝条上刺的平均数量小于0.5个。

4 植物选择要求

4.1 植物属性

4.1.1 刺篱植物应以木本的小乔木、灌木及藤本植物为主，不宜选择一年生草本植物，多年生草本刺篱植物应与其他木本刺篱植物搭配使用。
4.1.2 刺篱植物选择遵循适地适树原则，以本省自然分布的种为主，经引种、驯化表现良好的外来刺篱植物可适当选择。
4.1.3 选择植物前应查阅《中国外来入侵物种名单》，禁止选择外来入侵植物、对周围农作物及居民生产生活有不利影响的植物。
4.1.4 依据植物栽植地区的气候、降水及土壤条件等的不同，刺篱植物应具备耐旱、耐寒、耐热、耐贫瘠、抗性强、病虫害少等特点。
4.1.5 刺篱植物宜具备方便育苗、萌蘖性强、耐修剪、根系较发达，有较强的固土功能等特点。

4.2 隔离功能

4.2.1 刺篱植物应选择枝条紧密、易整形、耐修剪的种类。
4.2.2 刺篱植物应选择刺密度密集或较密集的种类，刺密度一般的种类应与其他刺篱植物搭配使用。
4.2.3 刺篱植物应选择刺坚硬、锐利的种类。
4.2.4 初期栽植的刺篱植物小乔木类株高不应小于150cm，以150～180cm为宜，冠幅不宜小于30cm，基径不宜小于3.0cm；灌木类灌高不宜小于120cm，蓬径不宜小于40cm，主枝数不少于5枝；藤本类条长不宜小于50cm，分枝数不少于3枝，主蔓径在1.0cm以上；草本类植株高不宜小于40cm。

4.3 景观功能

4.3.1 刺篱植物应与周围环境景观协调一致。
4.3.2 刺篱植物宜为常绿、开花或有较好观赏效果的植物。
4.3.3 枝条紧密度较大的落叶刺篱植物可优先选择。

4.4 植物选择

参见附录A。

5 设计要求

5.1 植物配置

5.1.1 单种植物配置。可采用一种植物单排栽植的方式。
5.1.2 多种植物配置。可采用多种植物多排栽植的方式来满足隔离和景观要求。可以选择一种枝条较紧密或刺较密集而尖锐的小乔木或灌木作为禁入功能强的主体树种；选择2～3种常绿、有花、抗污染能力强的藤本或小灌木状刺篱植物作为搭配树种。

5.2 种植方式

5.2.1 单排种植的刺篱植物，株距不宜大于30cm，植株的高度不宜小于150cm。
5.2.2 多排种植的刺篱植物，宜种植2～3行，行距30～50cm，相邻两排植株呈“梅花形”栽植，最高一排植株的高度不宜小于150cm。

5.2.3 多排栽植时，应由公路的内侧到外侧采用内低外高的布局方式种植，外层可采用小乔木、大灌木或藤本植物，内层可采用小灌木或多年生草本植物。

6 栽植及验收要求

6.1 栽植

6.1.1 栽植株距大于30cm时，可以采用穴栽方式，株距小于或等于30cm时宜采用连续种植槽方式。

6.1.2 植物种植穴规格及土层厚度应符合CJJ/T82的规定。

6.1.3 刺篱植物应在公路所经当地的最适宜的季节进行种植，如需在非适宜季节种植，应采用容器苗，并加强管理以保证成活。

6.1.4 栽植后适时浇水，保证成活。

6.2 验收

6.2.1 刺篱植物应无缺损枝节、擦破树皮、受风冻伤害或其他损伤，植物外观应显示出正常健康状态。

6.2.2 苗木规格与数量符合设计要求，苗木成活率大于95%。

6.2.3 单排种植的刺篱植物，植物应连续成篱，无明显空档、缺株现象，植物高度不小于150cm，隔离带宽度不小于50cm。

6.2.4 多排种植的刺篱植物，高、低植物搭配紧密，无空白、缺株现象，外侧高刺篱植物的高度不小于150cm，隔离带宽度不小于80cm。

7 养护管理

7.0.1 栽植后浇足定根水，以后每月浇水2次。成活后浇水以土壤墒情而定，每次浇水量以浇透为止。

7.0.2 植物休眠期宜进行刺篱植物整形修剪工作，植物死亡或缺株等损坏时应及时补栽。

7.0.3 及时进行病虫害防治，以“治早、治小、治了”为原则。

7.0.4 植物生长期及时开展抚育管理工作。

7.0.5 冬季来临时做好防寒防冻工作。

附 录 A
(资料性附录)
云南公路常用刺篱植物一览表

A.1 使用说明

A.1.1 表A.1中的刺篱植物大部分产于云南及周边地区，也有少部分为外来引种植物，但在我国南方已长期栽培使用。

A.1.2 表A.1中物种分类学概念依《Flora of China》，排列顺序依哈钦松系统。

表A.1 云南公路常用刺篱植物一览表

序号	科 名	物 种	生 态 习 性	刺的特点	适 生 环 境
1	紫茉莉科 Nyctaginaceae	三角梅 Bougainvillea spectabilis	喜温暖湿润气候，不耐寒，在3℃以上才可安全越冬，15℃以上方可开花。喜充足光照。对土壤要求不严，耐干旱贫瘠土壤，但在沙质壤土上生长最好，忌积水	枝刺，刺密度一般	原产美洲，我国南方栽培
2	仙人掌科 Cactaceae	单刺仙人掌 Opuntia monacantha	喜光，耐旱，耐瘠薄，适应性强。不怕水淹	叶刺，刺密度密集	我国各省区有引种栽培，在云南南部及西部、广西、福建南部和台湾沿海地区归化，生于海拔3～2000m海边或山坡开旷地
3	大戟科 Euphorbiaceae	霸王鞭 Euphorbia royleana	喜光，喜温暖气候，甚耐干旱。畏寒，温度偏低时常落叶	叶刺，刺密度较密集	分布于广西(西部)、四川和云南，在云南、四川的金沙江
4	蔷薇科 Rosaceae	青刺尖 Prinsepia utilis	中性树种。喜湿润环境，耐阴，适宜温暖湿润气候及深厚肥沃酸性土壤	枝刺，刺密度较密集	产于云南、四川、西藏、贵州，生于山坡、荒地、山谷或路边，海拔1000～2560m
5	蔷薇科 Rosaceae	窄叶火棘 Pyracantha angustifolia	阳性树种，喜光，喜温暖湿润气候及深厚肥沃土壤，红河河谷常呈大片群落；耐旱，稍耐寒，耐瘠薄土壤	枝刺，刺密度较密	产于湖北、云南、四川、西藏，生于阳坡灌丛中或路旁，海拔1600～3000m
6	蔷薇科 Rosaceae	火棘 Pyracantha fortuneana	阳性树种，喜光，喜温暖湿润气候及深厚肥沃土壤；耐旱，耐瘠薄土壤	枝刺，刺密度较密	产于陕西、河南、江苏、浙江、福建、湖北、湖南、广西、贵州、云南、四川、西藏。生于山地、丘陵地阳坡灌丛草地及河沟路旁，海拔500～2800m

表 A.1(续)

序号	科　名	物　种	生态习性	刺的特点	适生环境
7	蔷薇科 Rosaceae	川梨 Pyrus pashia	喜光,稍耐荫,耐寒,耐干旱、瘠薄。对土壤要求不严,在碱性土中也能生长。深根性。具抗病虫害能力	枝刺,刺密度一般	产于四川、云南、贵州。生山谷斜坡、丛林中,海拔 650～3000m
8	蔷薇科 Rosaceae	长尖叶蔷薇 Rosa longicuspis	阳性树种,喜阳光充足环境,耐寒,耐干旱,不耐积水,怕干风,略耐阴,对土壤要求不严,以肥沃、疏松的微酸性土壤最好	枝刺,刺密度紧密	海拔 600～2100m,广泛分布在我国西南各省山区
9	豆科 Fabaceae	儿茶 Acacia catechu	热带阳性树种,喜温暖潮湿环境,不耐寒,宜选向阳坡地栽植	枝刺,刺密度一般	产于云南、广西、广东、浙江南部及台湾,其中除云南(西双版纳、临沧地区)有野生外,余均为引种
10	豆科 Fabaceae	金合欢 Acacia farnesiana	喜光、不耐寒,喜较肥沃、疏松的土壤	枝刺,刺密度较密	产于浙江、台湾、福建、广东、广西、云南、四川。原产热带美洲,现广布于热带地区
11	豆科 Fabaceae	羽叶金合欢 Acacia pennata	喜光,稍耐遮阴,抗寒力差,喜较肥沃、疏松的土壤	枝刺,刺密度较密	产于云南、广东、福建。多生于低海拔的疏林中,常攀附于灌木或小乔木的顶部。亚洲和非洲的热带地区广布
12	豆科 Fabaceae	滇皂荚 Gleditsia japonica var. delavayi	性喜光而稍耐荫,喜温暖湿润气候及深厚肥沃适当湿润土壤,但对土壤要求不严	枝刺,刺密度一般	产于云南、贵州。生于山坡林中或路边村旁,海拔 1200～2500m。偶有栽培
13	豆科 Fabaceae	刺槐 Robinia pseudoacacia	强阳性树种,喜光喜温暖湿润气候,对土壤要求不严,但喜土层深厚、肥沃土壤,对土壤酸碱度不敏感。较耐干旱、贫瘠,但在底土过于黏重坚硬、排水不良的黏土、粗砂土上生长不良。不耐水湿。怕风	枝刺,刺密度一般	原产于美国东部,我国各地广泛栽植
14	豆科 Fabaceae	白刺花 Sophora davidii	阳性树种。喜光,耐干旱、耐贫瘠土壤,在石灰土上能正常生长	枝刺,刺密度较密	产于华北、陕西、甘肃、河南、江苏、浙江、湖北、湖南、广西、四川、贵州、云南、西藏,海拔 2500m 以下

表 A.1(续)

序号	科　名	物　种	生态习性	刺的特点	适生环境
15	鼠李科 Rhamnaceae	马甲子 Paliurus ramosissimus	耐旱、耐瘠,适宜于温暖湿润环境,在土层深厚的地方生长较好	叶刺,刺密度较密集	产于江苏、浙江、安徽、江西、湖南、湖北、福建、台湾、广东、广西、云南、贵州、四川。生于海拔2000m以下的山地和平原,野生或栽培
16	芸香科 Rutaceae	花椒 Zanthoxylum bungeanum	喜光,适宜温暖湿润气候及深厚肥沃壤土壤。萌蘖性强,耐寒,耐旱,抗病能力强,不耐涝,短期积水可致死亡	皮刺,刺密度较密集	产地北起东北南部,南至五岭北坡,东南至江苏、浙江沿海地带,西南至西藏东南部;台湾、海南及广东不产。见于平原至海拔较高的山地
17	马鞭草科 Verbenaceae	五色梅 Lantana camara	喜高温高湿,耐干热,抗寒力差,忌冰雪,对土壤适应能力较强,耐旱顶寸水湿,对肥力要求不严	枝刺,刺密度较密	原产美洲热带地区,常生长于海拔80～1500m的海边沙滩和空旷地区。世界热带地区均有分布
18	百合科 Liliaceae	凤尾丝兰 Yucca gloriosa	喜温暖湿润和阳光充足环境,耐寒,耐阴,耐旱也较耐湿,对土壤要求不严,喜排水良好的沙土。能抗污染	叶刺,刺密度密集	广泛分布于热带和亚热带地区

DB53/T 558—2014